软装设计手册

④

艺术与怀旧

ART

度本图书 DopressBooks 编著

U0199298

中国林业出版社

图书在版编目（CIP）数据

软装设计手册.4，艺术与怀旧 / 度本图书编著. -- 北京：中国林业出版社，2014.1（设计格调解析）

ISBN 978-7-5038-7199-3

Ⅰ.①软… Ⅱ.①度… Ⅲ.①室内装饰设计 – 图集 Ⅳ.①TU238-64

中国版本图书馆CIP数据核字(2013)第215952号

编委会成员：

于　飞　李　丽　孟　娇　王　娇　李　博　李媛媛
么　乐　王文宇　王美荣　赵　倩　于晓华　张　赫

中国林业出版社·建筑与家居出版中心

责任编辑：成海沛　纪　亮
文字编辑：李丝丝
在线对话：1140437118（QQ）

出版：中国林业出版社
（100009 北京西城区德内大街刘海胡同 7 号）
网址：http://lycb.forestry.gov.cn/
E-mail: cfphz@public.bta.net.cn
电话：（010）8322 5283
发行：中国林业出版社
印刷：北京利丰雅高长城印刷有限公司
版次：2014年1月第1版
印次：2014年1月第1次
开本：1/16
印张：10
字数：150千字
定价：69.00元（全4册：276.00元）

法律顾问：北京华泰律师事务所　王海东律师　邮箱：prewang@163.com

Contents

解读"艺术"

　　软装设计也常被称做室内陈设设计，主要指对室内物品的陈列、布置与装饰。而从广义上讲，在室内空间中，除了围护空间的建筑界面以及建筑构件外，一切实用和非实用的装饰物品及用品都可以被称做室内陈设品。软装设计可大致分为实用和装饰两大类：以实用功能为主的家具、家电、器皿、灯具、布艺和主要以装饰功能为主的挂画、艺术品、插花及其他饰件。

　　总体而言，软装设计应遵循美观与实用兼备、装饰与使用功能相符、满足心理与精神需求等前提原则，同时营造某种预期的氛围与意境，而构建这种氛围与意境的关键就在于把握包括色彩、材质、肌理、体量、形态等所有参与室内空间构成的元素之间的关系。与此同时，所有这些布置其中的软装元素应当与室内整体空间的"气质"融合协调、相得益彰。

　　这种气质并不等同于通常所说的风格，因为我们定义的风格实在很难概括现今时代各种软装配饰的丰富形态，只能说是更贴近哪种风格。我们甚至可以说，风格本身并不重要，那只是一种笼统的界定方法，设计师要发现的是风格背后的美的本质与文化内涵，而不是一味地纠结于风格。对于这种室内设计的气质，或许我们应该把它解释为格调或者味道。只是为了便于区分空间环境的大致气质，人们习惯采用风格这一称谓加以概括。但也无妨，我们可以根据通常所说的几种典型风格来感受软装设计与室内环境的关系，以及涵盖在风格中的不同气质。

　　该系列丛书以软装设计/陈设方式带给人的不同感受作为章节划分的依据，比如简约、生态、怀旧、艺术、工业、时尚、奢华、古典等。书中除了结合选自世界各地的优秀作品案例，对每个作品的设计理念和设计亮点给出的详细说明和分析，还有根据案例展开的关于设计风格、软装配饰的要点等大量知识点，为设计师在整体风格的把握上提供有价值的借鉴和参考，从而使本书兼具实用性和欣赏性。

　　本书收录了具有艺术气质和怀旧风格的设计作品。 在艺术主题的章节中，你将会看到在软装饰的概念下不同门类的艺术作品的表现，包括绘画作品、雕塑、装置艺术、摄影作品、街头艺术等等，其中有从事创作的艺术家的居所、美轮美奂的墙画主题酒店、摩洛哥艺术拥趸的家居以及新锐艺术家作品爱好者的居所。包罗万象的表现方式或许会让你领悟：原来满足人们精神需求的意识形态可以在家居中色彩万千的展现。 在低调怀旧的章节里，一种反思的腔调在对我们诉说着：历久弥新的美原来可以那么美好，这其中有典型的折中主义建筑、西西里风格的别墅、纽约大都会风格的餐厅也有对老宅风格的重新装饰和延续。无论岁月如何无情的侵蚀着形态，温暖的回忆总会让人心存温暖。因为人们寻求内心的美好和对艺术的追求是永恒的。

选入本书中的作品所采用的设计语言可以大致概括为：个性前卫、古今结合、低调奢华。部分具有典型Shabby Chic风格的作品，充分诠释了休闲与端庄、现代与传统、破旧与精致、朴素与花哨、颓废与整洁之间的巧妙平衡，家具格调以清婉惬意或雅致休闲为主，色彩多以淡雅的中性色和古董白居多。有些案例中，采用老式的退色彩绘家具、装饰品，甚至古董收藏品和艺术品进行装饰陈设。古旧与新式元素混搭最为标新立异，即有某种优雅颓废的视觉效果，又使空间充满不一样的时代气息。

　　我们可以把这种强调品味、超凡脱俗、低调、环保的装饰语言概括为"艺术"，下文将进一步介绍这一语言在软装设计中不可或缺的艺术品中如何进行表达。

·家具

　　此类风格室内家具最显著的特点就是强调与使用者之间的情感交流与情感共鸣，激发使用者的欣赏欲。在格调上展现文化内涵的充盈感，在家具造型上提倡线条感，强调表现实体，颜色对比明快、配色富有现代气息，重视多流派的混搭以迎合多元的文化表现。

　　此类型的家具还强调饱经风霜的怀旧感，包括家具与古董、旧物件的混搭，以及不同时

间跨度和不同文明下作品的混搭，此类风格的家居在造型上一般以欧式家具为母版，会在细节上运用做旧的手法，而且强调DIY。

　　家具本身在线条上提倡优美但不繁杂，避免给人夸张的不踏实感，颜色以加深的木色居多，而且为了避免太多的古旧味道让空间显得没有生活气息，往往会配合艳丽的颜色和质感对比强烈的物品。

　　◎设计共和 （中国）设计共和以独特的现代中国审美观在设计、零售与商业推广领域中创造出来的全新时尚艺术品风格；它将突破传统束缚，融合旧与新、传统与现代、简朴与奢华，力求最终打造出完美室内的设计。

　　◎piin 品东西家居 （中国·台湾）品东西家居的商品融合了东西方现代审美视野，以中西混搭的美学风格展演了东方文化与西方设计的结合。充分展现了多元视野下的家居艺术品的原创精神.

·灯饰

灯饰的风格多选用造型精致、材质考究、奢华的种类以配合周围整体环境，其实用目的相对次要，且多改良运用具有特定年代和符号外观的灯具，以配合整体的艺术感。

在造型上以追求纯粹美的前提下，造型优美富有变化的欧式风情灯具是最多被用到的，铁艺、镀金的材质可以更好的表现最原汁原味的艺术形态，风格各异的异域风情灯具也可以让空间格调更加多元化，包括中式灯具、伊斯兰风情灯具和印度风情灯具都可以更直观的表现其艺术无国界的文化内涵。

在此类风格的室内设计中，为营造旧强调的氛围，常使用田园风格的灯具和后现代的工业灯具混搭的组合，营造一种穿越时空的永恒美感。这种风格的灯具会使用经典的造型搭配质感粗糙的材质，如铜材质、毛玻璃材质等等搭配木材、塑料、碎花布艺等材质，营造时空穿越的效果。

◎Foscarini（意大利）创立于美丽浪漫水都威尼斯，高超的玻璃工艺技术，将当地的文化特色表露无遗，确立其优秀的品牌形象，并审慎的保存珍贵的文化遗产，将发扬传统技艺为职志。品牌精神深究灯具的型态、材质和新的创意构思过程，随着时代演进，在作品中也渐渐可见年轻化的设计趋势，是兼富传统工艺和流行新颖的高水准作品代表品牌。

◎Catellani& Smith（意大利）由EnzoCatellani创立于 1989 年，为所有灯具品牌之中，最具有独特性和极富设计挑战精神的典范之一，在Enzo喜爱对自然生活，带有玩味的观赏角度，和俯拾即是的创意来源，打造出多样化风格特立、精湛的设计作品。

· 布艺装饰

布艺装饰多采用具有强烈个人风格和色彩的制品，以突出特定的艺术喜好，其中窗帘的质地常常具有厚重的体量感，质地以亚麻、棉麻、雪尼绒为主，以突出ART DECO的装饰风格。

在大多数设计中。如果房屋高度理想且宽敞明亮，设计师常选用选用罗马式窗帘，罗马式窗帘因其重叠的褶皱而具有柔和的容积感。从宽度上来说，窗户和窗帘的比例如果能够达到1：3，所形成的褶皱将会更美观。

纯艺术风格的地毯以丰富的人文色彩和独有的质感，常给人带来别具一格的艺术气息。除了采用色彩和图案，地毯的质地可以表现房屋主人品位和艺术修养。比如粗糙颗粒状的质地，可以令人起联想大自然的质朴。搭配椰壳纤维、麻和海草纤维等纯天然原料，会令布艺质感的装饰效果更加出彩。粗糙的质地相比光滑的表面能够吸收更多的光。比如，同样的颜色在高低起伏的地毯上要比平整的割绒地毯上显的暗。

◎Bolon （瑞典）设计公司Bolon通过融合不同的色调、细节、图案和产品，提供了一个全新的表现空间。同时为建筑师和设计师提供更为自由的创造空间。如今，曾经作为实验性解决方案优势在于支持自由混搭，尤其支持将小型图案的产品系列与某些高端地毯进行结合。

◎寐MINE （中国） 品牌倡导艺术崇尚自然，追求奢华、高贵、简约而个性的后现代主

义设计风格，寐MINE设计师从世界各地收集众多独一无二的装饰艺术品及原材料，如：孤品根雕、千年老木桩、手工地毯、老原木地板以及独立设计开发的锈砖等等。将欧洲的时尚元素与东方悠久文化相融合，将创意融入有限空间，使之成为引领人们生活的艺术模本。

·装饰摆件、花卉与绿植

在小艺术品的选择上，此风格类型的特点是怀旧话和随意化，布置一些具有年代感的饰品，如旧唱片机、铁皮容器、工业题材的宣传画等会达到意想不到的效果，把做旧质感的物品组合在一起放在空间的角落，成为观"景观"形式的装饰。

绿植以手工田园风为主，增加随意的效果，用废旧的玻璃容器当做花瓶，配合无名的野花，可以营造出时光凝固的气氛。而多元化的异国风情混搭也可以造就不一样的形式美，如中式的器物和摆设出现在欧式的空间中。

这里所强调的艺术风格的空间特指视觉方面艺术化的空间，而不是广义的艺术。在以人为核心的空间设计里，艺术的室内设计风格是指营造一个具有内涵的，能够表达居住人情感和意识的空间。这个空间可以直观地体现独一无二的、纯粹的追求与喜好，运用直白而纯粹的表达。

当然最直白的表达就是艺术品，各类的独具匠心的艺术品是人类艺术思维的集成体现，也大多是居住者最想向身边的世界展现的。而艺术的装置和装饰则与室内设计本身联系更紧密，如外形夸张奇特的造型（也可以兼顾功能性）、具有跳跃颜色的造型或者平面视觉作品本身。

美是艺术的目的和推动力，而不是多，堆砌过多的艺术品首先会让艺术的味道被玷污，也会让室内看起来像一座眼花缭乱的博物馆，没人期望住在博物馆里。

■ Skate Park House

■ 滑板公园家居

■ 东京. 日本

■ **室内设计:**
LEVEL Architects
■ **摄影:**
Kojima Junji

这所房子的主人是一对年轻的夫妇，选址位于涩谷区一个宁静的住宅区。在房子的设计方面他们提出特别的要求，想要一室内溜冰场和一个钢琴排练室以体现高度个性化的设计。

此外，雕塑、绘画等不同类型的艺术品错落有致地陈列在室内的各个角落，使整个空间充满了浓郁的艺术氛围。

绘画、雕塑、工艺品、绿色植物都常被用作室内空间的装饰。其中，绘画作为一种最具表现力的艺术门类之一，其种类、形式繁多，根据所用材料可分为油画、水墨画、版画、水彩、水粉等。

在室内设计中，不同类型的绘画、装饰画对室内氛围的渲染都至关重要，通常可起到画龙点睛的作用。

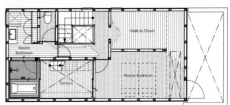

3F PL

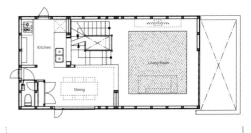

2F PL

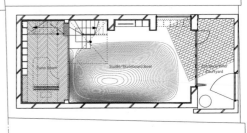

1F PL

为使完全私密的主人套房与底层分开，材料的规模有所增加。地板重叠交错，在不同的房间之间创造一个模糊的界限。整个楼层房间与房间之间逐渐过渡为套房，营造更开放的感觉。在材料运用上采用旧地板和新地板，其目的不是将材料包含在空间设计中，而是穿越界限加强整个楼层的凝聚力。

绘画装饰通常要考虑如下几点：

①风格搭配：绘画的形式、种类繁多，用于装饰空间的绘画要根据整体室内风格来选择相应的题材和类型。

②环境搭配：室内陈设品和门窗，都可作为挂画装饰的参考。比如根据沙发的高度和颜色确定画面色调，调整位置，让整体布局更具整体感。

③面积比例：要考虑画的摆放位置与被装饰物体的比例关系是否协调。比如大规格的画可以直接立在地面上，而小尺寸的画可成组挂在墙上。

个性或夸张的灯具、家具等陈设品，以及具有独特肌理效果的墙面设计都是突出空间艺术感必不可少的元素。上图中充满工业感的绿色吊灯、灰色墙面、特制的墙面肌理，以及层次优美的蓝色调的组合，实现了一种工业、简约、现代与艺术味道并存的独特设计。

■ Sygnia

■ 赛格尼亚办公室

■ 开普敦. 南非

■ **室内设计:**
Antoni Associates

■ **摄影:**
Stefan Antoni & Jon Case

■ **客户:**
Sygnia

赛格尼亚金融服务公司办公室新址位于Green Point的一个铸造车间的最顶两层。来自Antoni Associates的设计师Mark Rielly 及Michele Rhoda创造了一个开放式的办公区，设计灵感来自纽约Loft式的画廊。该项目的客户是一个狂热的艺术爱好者，希望办公室里充满艺术元素。国内外著名的雕塑、绘画、装置艺术等都陈列在这个办公空间中。

装置艺术，是指艺术家在特定的时空环境里，将人类日常生活中的已消费或未消费过的物质文化实体进行艺术性的有效选择、利用、改造、组合，以令其演绎出新的展示个体或群体丰富的精神文化意蕴的艺术形态。

简单地讲，装置艺术就是一种"场地+材料+情感"的综合展示艺术。装置艺术对传统艺术分类是一个挑战，在办公室的设计中融入装置艺术更是创新之举。

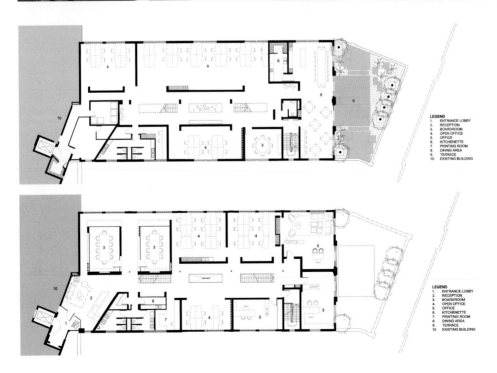

LEGEND
1. ENTRANCE LOBBY
2. RECEPTION
3. BOARDROOM
4. OPEN OFFICE
5. OFFICE
6. KITCHENETTE
7. PRINTING ROOM
8. DINING AREA
9. TERRACE
10. EXISTING BUILDING

LEGEND
1. ENTRANCE LOBBY
2. RECEPTION
3. BOARDROOM
4. OPEN OFFICE
5. OFFICE
6. KITCHENETTE
7. PRINTING ROOM
8. DINING AREA
9. TERRACE
10. EXISTING BUILDING

楼上设有带中央天窗的钢桁架倾斜屋顶，为整层室内带来充足的自然光照。原有室内空间中铺有混凝土地面、红色的砖墙和大型铝合金窗，透过玻璃窗，还可以将室外美景尽收眼底。

总体来说，本案设计的成功之处在于艺术与工作空间的完美融合，为员工营造了鼓舞人心的工作环境。

装置艺术创造的环境，是用来包容观众、促使甚至迫使观众在界定的空间内由被动观赏转换成主动感受，这种感受要求观众除了积极思维和肢体介入外，还要使用它所有的感官：包括视觉、听觉、触觉、嗅觉，甚至味觉。

■ D-Style Club-Restaurant

■ D风格俱乐部餐厅

■ 里加. 拉脱维亚

■ **建筑设计:**
Zane Tetere

■ **室内设计:**
Open Architecture and Design, Zane Tetere

■ **摄影:**
Krists Spruksts

■ **客户:**
D-Style

D风格俱乐部餐厅是两种功能的组合——全天营业的餐厅和夜总会。主人是一位年轻的拉脱维亚摇滚歌手及dj。

进入俱乐部，宾客来到1号大厅，里面有一间带有玻璃墙的无线电播音室。在入口的对面是隔墙，由回收材料——许多不同的木工废料构成。

与环境形成强烈反差的巨型雕塑也是本案设计的亮点之一，极具视觉冲击力。

根据不同的标准，雕塑可以有不同的分类。根据所占空间和形象的凸显程度，可以分为圆雕和浮雕。圆雕仿佛是独立而又实在地存在于一定的空间，我们可以从不同的距离和角度来欣赏它。如《米洛的维纳斯》、《大卫》、《思想者》等。浮雕是介于雕塑和绘画之间的类型，它是在平面上雕刻出凹凸不平、深浅不一的形象。如汉代的画像石、西安昭陵六骏、古希腊帕特农圣庙门楣上的雕塑。

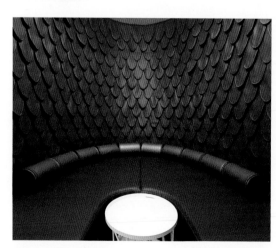

极富质感的红色材质让空间显得纯粹，而具有动感的排列方式
让元素本身并不显得冗余。红色，黑色和白色的强烈对比颜色
让来访者的情绪更加跳跃。

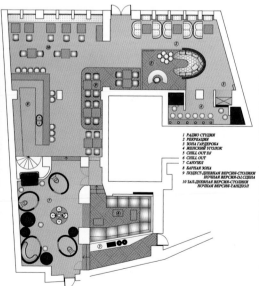

仿佛从天而降的主题雕塑，为宾客带来出其不意的惊喜，其造型来自希腊神话中的酒神——狄俄尼索斯（Dionysus）。

设计中采用的简单材料和回收废料，都秉承了环保生态的可持续性设计理念。

装饰设计常用的物质载体一般包括：

天然材料：包括石材、木材、土、棉麻、皮毛等。也可把无需其他物质合成的金属材料（金、银、铜、铁等）算在此类。

人工合成材料：树脂、纤维以及其他合成材料。

了解材料的特点和给人传达的情感特质有助于设计师更好地通过材质变化去实现某种效果与氛围。尤其是在新材料不断涌现的现今时代，熟悉材质材料的特点是设计师必须掌握的技能之一。

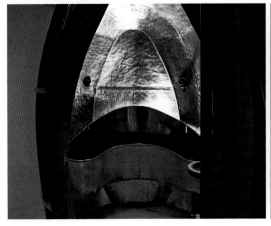

■ Living in White

■ 白色乐活

■ 里斯本. 葡萄牙

■ **室内设计:**
Atelier Lígia Casanova
■ **摄影:**
Manuel Gomes da Costa,
Carlos Cezanne
■ **客户:**
A client with 3 teenagers

该设计意在使客户感到愉快、平静。室内大量的自然光在客厅、餐厅、主卧及厨房构成和谐的光影，你可以感受到由色彩对比形成的舒适、惬意。儿童房的墙壁颜色各异，更好地迎合孩子的偏好，但都以白色为主色调。

光照是人感知周边环境事物形态、质感、颜色的生理的需要，也是美化空间环境不可或缺的物质条件。光照可以构成空间，又可以改变空间；既能美化空间，又能破坏空间。不同的光照不仅照亮了各种空间，而且能营造不同的空间意境情调和气氛。同样的空间，如果采用不同的照明方式，不同的位置、角度方向，不同的灯具造型，不同的光照强度和色彩，可以获得多种多样的视觉空间效应。

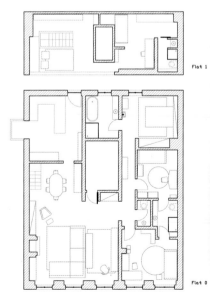

Flat 1

Flat 0

老旧家具经过重新喷漆处理充满现代的气息。在灯光布局方面，Ingo Maurer 充分考虑到阅读习惯，打造了一个巨大的镀锌书架。客户是油画鉴赏家，因此墙上挂了许多画作。更为重要的是在这所房子里你总能获得一种归属感。

光与颜色相辅相成，除了颜色，光的作用还必须依附于介质，包括家具、配饰等。本案中的室内色彩根据建筑物的性格、室内使用性质、工作活动特点、停留时间长短等因素，确定了室内主色调，选择了适当的色彩配置。

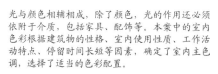

■ Hotel Fox

■ 福克斯旅馆

■ 哥本哈根. 丹麦

■ **室内设计:**

Geneviève Gauckler, Boris Hoppek, WK interact, Antoine et Manuel, Friendswithyou,Kim Hiorthøy, Container Benjamin Güdel, Akim Zasd Bus/ Zasd, E-Types – Denmark, Hort, Birgit Amadori Rinzen, Speto, MASA – Venezuela, Viagrafik / mnwrks, Andreas Mindt, Neasden Control Centre, Kinpro, Freaklüb,Tokidoki

■ **摄影:**

Die Photodesigner

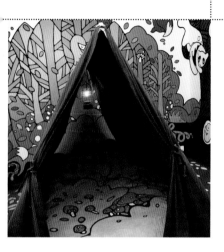

对于那些曾站在艺术真品前的人会有这样的感觉：感动。当人们看到真正的艺术时，他们会被改变，感观被唤起，会不自觉地微笑，有时这种经历甚至可以激发人们用不同眼光看世界。住在福克斯酒店就会给你这种感觉，让你留下难忘的经历。21位来自不同国家的年轻艺术家为你带来缤纷的风景：他们用图形、插画和艺术品装饰了酒店的61个房间，而且他们有足够的艺术素养完成这项任务。

现代墙画种类众多，包括油画风格，水彩风格，插画漫画风格等，墙画颜料主要由丙烯和外墙涂料，两者都有防尘防水的特性，保持时间年限长。由于需要画的环境不同，可做墙画的材料非常多，根据需求决定。去除防水防晒等条件，水彩、自喷漆、墨水、油漆等均可作画。

每个房间都是一件独立的艺术品：从怪诞搞笑的涂画到严谨的图表，从奇异的街头艺术到简洁的日本漫画。你会看到花、童话、友善的怪物、梦境里的生物、神秘的墓穴等等。福克斯酒店是一个绝对特别的酒店，它多样而独特地反映出现代社会，又对欧洲的未来表达出一种积极和梦幻的观点。期待它带来的惊喜吧！

本案中所使用的丙烯颜料是专业绘画颜料，可以很充分地表现出所有绘画技法，画面饱满而有张力。色彩鲜艳，保持时间长。由于丙烯颜料的防尘防水速干特性，并且对人无毒，已成为墙画的专用颜料。丙烯颜料可加水，根据加水的多少，丙烯颜料可以体现出水粉和水彩两种不同特性，也就可以用水粉油画技法和水彩技法绘制墙画，使画面更丰富。

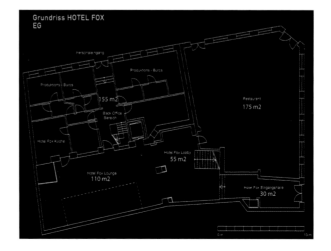

天马行空般的想象力赋予在墙画上，让原本一丝不苟的空间变得梦幻
多彩，不同的主题有着不同的主色调，与颜色对应的是客房内的布局
和配饰的完美搭配。

■ **Marrakech**

■ 马拉喀什私宅

■ **马拉喀什. 摩洛哥**

■ **室内设计:**
Broosk Saib

■ **摄影:**
Marcus Peel

■ **客户:**
Designer's Own

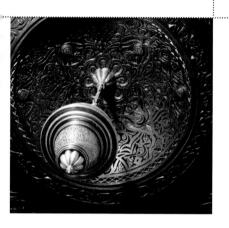

该公寓属于设计师本人，他希望可以为自己营造一个可以逃离伦敦纷扰的场所。对于这个公寓的设计，舒适且兼具多功能性并能迎合主人需要是设计的重点。为此他保留了西方设计的功能性，但也包含了摩洛哥风格——这是北非与欧洲风格的碰撞！同时设计师本人偏好深色系的室内，这样置身其中便可感受到清凉。

摩洛哥位于非洲的最北端，是最靠近欧洲的非洲国家。由于自身的地理位置和历史原因，在摩洛哥，阿拉伯文化与新潮的西方文化并存，造就了风格迥异的摩洛哥风格，就是随意搭配的风格；色彩鲜艳，装饰华丽的彩色陶瓷，金属工艺品，金属器皿上的精细雕刻、镶嵌工艺都是摩洛哥风格的典型特征。

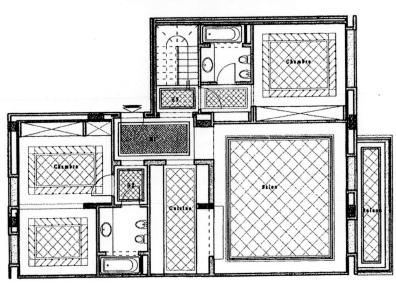

家具和灯具主要是摩洛哥风格却兼具西方实用功能。例如，台灯是传统摩洛哥风格的金属制品，但实际上摩洛哥却不使用台灯，而床和桌子也一样。在主卧室，摩洛哥风格的华丽大木雕床头，看起来特立独行。设计师也保留一些西方特点会客厅里的法式俱乐部椅子，现代风格沙发和咖啡桌。家具的布局全部是西式的。选用的色调很中性，这样就可以凸显出精心挑选的艺术品和家具。

摩洛哥风格室内空间在装饰上喜好繁复的几何纹样图案，搭配彩色琉璃石砖。而在颜色上：如果想要表现出摩洛哥风格中那种光彩夺目的美，可以使用鲜艳的色彩，比如亮蓝、紫色、天蓝、红色、粉红和绿色，或者使用当地土色色调设计比较柔和的环境。

■ Pied à Terre a Sao Paulo

圣保罗公寓

■ 圣保罗. 巴西

■ **室内设计:**
Fábio Galeazzo
■ **摄影:**
Célia Weiss

该项目是位于圣保罗的一间90m²的公寓，它刚刚经过翻新改造并使用了一些可持续环保材料，例如用于底板和墙上的经过手工处理的木材。厨房的墙壁被拆除了，取而代之的是一个用来吃快餐的橄榄绿玻璃阳台。在侧墙上有挂着一幅年轻艺术家的艺术作品。

手工艺雕塑品的突出特点是具有浓厚的生活气息，人物造型夸张，动物形态逼真。制作者们用作品代替语言，用能工巧匠们的创造力和高超娴熟的技巧，将对生活，对自然的情感渗透其中，演绎着独特的人文和风情。

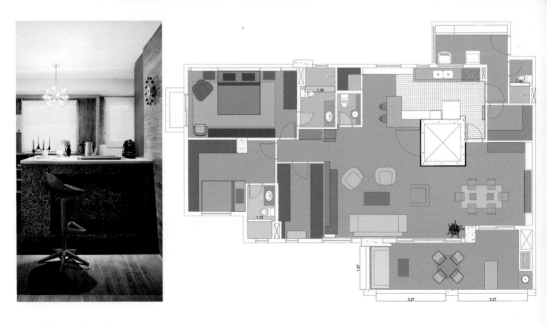

灰色木材的使用使得室内可以搭配使用一些其他的明亮颜色，如蓝绿色，并且室内装饰显得非常诙谐。

在餐厅里有一个带有吊架的红色小空间，它是用作玩具类艺术品和其他珍品的收藏而使用的。在吊架的旁边有一个圆形的发光体，使该区域看起来更具活力和悠闲性。

餐桌的经典设计搭配了Constanin Gric的椅子。在餐桌的旁边有一个被刷上了tailoring moif的碗柜，它同时被当做餐柜使用，在它的顶部有一个黑色的亚克力切割的经典剪影。

■ Urban Forest

■ 都市森林

■ 圣保罗.巴西

■ **室内设计:**
Fábio Galeazzo

■ **摄影:**
Marco Ant

由于该地区光照充足，因此在该项目中使用了大量的饰面材料，例如树脂颜色的可持续性木制墙面以及经过烧灼的水泥地面，使得该空间的设计既现代又大胆。该房屋中使用了很多混合搭配的现代家具，与木墙形成了鲜明对比，家具的摆放位置是与室内环境相适应的。

根雕艺术品主要的特点是用树根的自然生长特点依形度势、象形取意。根雕艺术品富含自然风情，可与其他各类风格饰品形成混搭，根雕家具就是利用根雕艺术做成的家具，例如上图中的根雕椅子等，它也是一种根雕艺术品。根雕家具有观赏价值，又有实用价值，与一般家具相比，具有清新、悦目的效果。

在卧室里有一个直角沙发并且配有一些不同材质的抱枕。Tord Boontje手扶椅标志着它在室内的存在，红色地毯的旁边有双排的木制茶几。

在黑色玻璃餐桌上有一个Gaetano Pesce的雕塑，在房屋框架的底部有Rodolfo Valdez所作的令人惊讶的高度写实主义油画。

最后接触到的是三个黑色和金色混合的枝形吊灯以及意大利设计师Gaetano Pesce的概念性桌面摆饰。主卧室所揭示的视觉效果与房屋整体一致。

■ House Ber

■ 柏尔宅

■ 约翰内斯堡. 南非

■ **室内设计:**
Nico van der Meulen Architects

■ **摄影:**
David Ross, Barend Roberts, Victoria Pilcher

房子被设计成一个简单的矩形形状，中心是起居室，周围环绕着一个池塘和一个游泳池。经过锦鲤池塘来到前门，向大厅望去，餐厅和家庭活动室在北边池塘边。充满了大锦鲤的锦鲤池塘围绕着餐厅两侧。残破的花岗岩板覆盖着钢板，成为餐厅和通往家庭室、厨房以及大厅之间的楼梯。悬臂式楼梯从花岗岩包墙中凸出，照明扶手切入墙里。

设计者常常利用水体作为建筑中庭空间的主角，以增强空间的表现力。瀑布、喷泉等水体形态自然多变，柔和多姿，富有动感，能和简约的建筑空间形成强烈的对比，因而成为室内环境中最动人的主体景观。

Ground Floor Plan

无框门为厨房带来封闭状态，厨房开向阳台向东部面向花园。主卫生间的东北角的钢格阳台使厨房免受太多的早晨太阳的照射。书房向北部和东部敞开，东侧面对阳台可以看到水池的景色。一桥建筑结构横跨客厅，将衣服室、儿童房与主套房连接起来。选用的材料配合整体建筑营造现代的感觉。

静水景观给人以平和宁静之感；它通过平静水面反映周围的景物，既扩大了空间又使空间增加了层次。在设计静态水景时，所采用的水体形式一般都是普通的浅水池。在多材质表现的空间设计中，满池清水能够突出地表现水质感的洁净和清澈见底的效果。

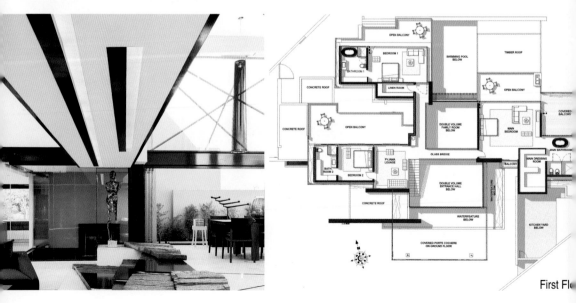

First Fl

整个空间内刚劲的黑色线条肆意地划分着视觉空间，让原本空旷的室内显得丰富和动感，用玻璃和水景的质感弥补了配色上的刚硬，深颜色的元素起到了让空间气氛肃穆安静的作用。也增添了浓厚的后现代感。

■ Ferndale

■ 弗恩家住宅

■ 芬代尔. 南非

■ **室内设计:**
Nico van der Meulen Architects

■ **摄影:**
Barend Roberts,
Victoria Pilcher,
Nico van der Meulen

Nico van der Meulen Architects的创始人Nico van der Meulen喜好被动设计的理念。本案面临东北方向15度，设有660mm厚的北墙面，此举首先能够储存热量，其次可以进行阳光控制。混凝土屋顶采用黏土砖进行隔热、防水并抵御高地太阳的曝晒，而所有的地板都对土壤具有绝缘作用。

壁炉是在室内靠墙砌的生火取暖设备，兼具装饰作用和实用价值。并根据不同国家的文化，分为美式壁炉、英式壁炉、法式壁炉等，造型因此各异。西方国家普遍采用真火壁炉。而电壁炉安装简单，搭配壁炉架被没有烟道设计的户型所采用。

HOUSE FERNDALE
GROUND FLOOR PLAN

五个前庭被纳入设计。一个前庭生长着的落叶乔木为房子遮阳避雨，水饰起到夏日冷却房子的作用。在另一个前庭种植着原产于南非的长势迅速的棕榈树，地被植物作为自然冷却剂，其他两间前庭设有黑竹屏风。夏日里吹过锦鲤池和游泳池的自然风为房子带来一丝凉意。位于植物下面凉爽的土壤增加了冷却效果。

HOUSE FERNDALE
FIRST FLOOR PLAN

应用未经过度雕琢的原木材料，配合粗犷的地面纹理和简单的红砖打造了具有原始感的书房冥想空间，大的采光窗让整个空间明亮，避免了色调暗淡带来的封闭感，营造了积极向上的生活味道。

许多人相信，过去的岁月比现在美好。在快节奏的都市生活中，怀旧风格的出现与人们强烈的逃离周边都市的心思不谋而合。尽管对"旧"一词的理解不尽相同，但对于美的感知应该是相通的。怀旧这种氛围借着某种散发着独特魅力的旧物件，唤醒了回忆里对于美好印象的舒适感。

在怀旧的室内风格里，沧桑感的表达是设计中拿捏的重点。做旧的家具（注意:不一定是旧家具）、古旧中性的色调和符合一定年代特色的艺术品（绘画或者音乐）是必不可少的,除此之外光线和质感的搭配也是重要的着力点，因为怀旧情绪本身就是氛围与实体相互影响的过程，就好比在那条路灯昏暗的青石台阶边偶遇一首久已淡忘的老歌，物是人非，却能触景生情。

事实上，怀旧的室内风格是建立在准确的历史定位上面的，"一个典型的1960年代中国人物的经历，绝不会符合一般西方印象中的60年代。"在有限的空间中最大程度地还原一种经过设计升华的原有环境氛围。要避免将空间还原成为一座没有生气的博物馆，此外也要避免怀旧的氛围内出现不相容的元素，比如在布置了夏克式家具的卧室内出现55寸的液晶电视！

■ St Tropez

■ 圣特罗佩斯住宅

■ 圣特罗佩斯. 法国

■ **室内设计:**
Broosk Saib

■ **摄影:**
Philip Vile

该住宅坐落于圣罗佩斯风景如画的郊区，是典型的普罗旺斯大农场。因为业主们希望房子风格带有折中主义感觉，设计师混合使用了古典和现代元素，一进入房间就会注意到。在门厅后为祖母设计了一个神堂，当她想独处时，就可以把门打开正对着泳池和花园。

折衷主义（集仿主义）是19世纪上半叶至20世纪初，在欧美一些国家流行的一种建筑风格。其特点是：任意模仿各种建筑风格，或自由组合各种建筑形式，不讲求固定的法式，只讲求比例均衡，注重纯形式美。

起居室因为使用频率大，功能性强，是整个室内设计的重点区域。其中包括一个放贝壳的收藏柜，有舒适座位的电视和多媒体区。多媒体区后面是一个能为冬日晚间饮酒营造气氛大型壁炉。起居室色调主要通过屋主的儿子在少年旅途中购得的咖啡桌布展现。

折衷主义在19世纪中叶以法国最为典型，而在19世纪末和20世纪初期，则以美国最为突出。总的来说，折衷主义强调用古典的元素形式装饰和改造，而不严格遵守具体的风格制式，注重形式上的美观，作品表现出古典的形式美和复古感。

■ Barrio 47

■ 巴里奥47号

■ 纽约. 美国

■ 室内设计:
Bluarch Architecture + Interiors + Lighting

■ 摄影:
Oleg March Photography

■ 客户:
Alex Volland and Roman Volland

巴里奥47号，一个新的小吃餐厅，现
在已经融入西村时尚餐饮圈。Bluarch
Architecture + Interiors + Lighting
完成本案的设计，在新的设计中选用手
绘壁画。酒吧区对面的南面墙壁由石膏
制成，空间采用温暖的中性色调，激光
切割技术进行装饰，并利用铆钉固定。
黑色和深绿色的地铁瓷砖已被应用到所
有其他的垂直表面。

本案中出现的清水砖墙是人类建筑文化构成的永恒元
素，它的独特就在于看似朴实无华的素装却有着震撼人
心的迷人魅力。它不需要华丽表面装饰，却把建筑的美
体现得淋漓尽致。在过去，砖是围合空间墙体主要建筑
的材料，清水砖墙工艺是中西方古典建筑文化历史的重
要组成部分，是独具表现力的建筑墙体装饰材料。

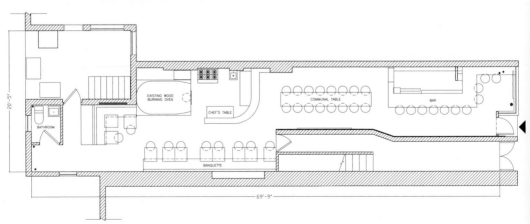

Floor Plan

一个客户定制的铁艺吊灯照亮酒吧区1/2的面积，建立两个单独的区域——酒吧区和用餐区。后面的用餐区由线性吊灯照亮。红色酒吧高凳、砖炉、白色卡拉拉大理石吧台和桌面令这个空间朝气四射。

清水墙砖的质感给人以低调、严肃、沉稳的感受。清水墙砖的形状、砌筑方式有着极强的时代感。另外，由于受光角度不同，对光的吸收数值也不同，季节、时间、光线的角度位置的影响也会使清水墙砖的质感和色彩发生微妙的变化。

■ Bourgogne 1

■ 勃艮第1号

■ 泰尔南. 法国

■ **室内设计:**
Josephine Interior Design

■ **摄影:**
Nicolas Karadimos

■ **客户:**
Rault

这栋百年老屋现已被改造成一个温暖热情的家庭居所。通过移掉原有墙并增加宽大的钢制窗户增加室内空间和光照，使得窗外花园里的景色如同近在屋内。

做旧的家具工艺通过破坏、制作印痕、着色喷点等一系列处理使家具产生表面的假缺陷。在室内软装设计中应充分利用仿古做旧这一特点，根据家具的特点挑选搭配的方法。不同的设计风格有不同的做旧要求，以本案中出现的印痕为例，印痕的种类、大小、数量、分布位置都要恰当，太少达不到效果，过多会显得很不和谐。

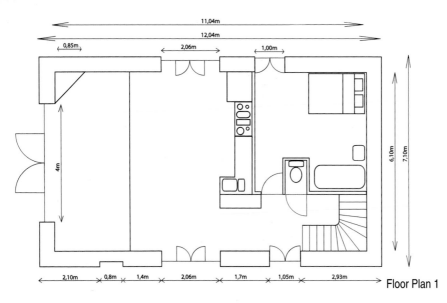

Floor Plan 1

地面全部为简单的灰色混凝土。原有的砖墙经过清理并漆成白色。白色和灰色环境、Mika Ninawaga的摄影艺术作品及现代包豪斯风格座椅形成对比。古董沙发、行李箱、吊灯和桌子衬托出精心修复的美丽屋梁。

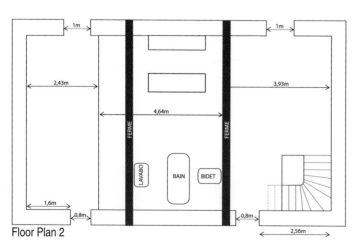

Floor Plan 2

1m 1m

2,43m 3,93m

4,64m

FERME FERME

LAVABO BAIN BIDET

1,6m 0,8m 0,8m

2,56m

旧物件带来的是时间凝滞的感受，将不同
时期的行李箱、铁皮储物柜等物品陈列于
一室，给这个设计赋予强烈的时代感和历
史感。

■ Finka Pereta

■ 芬卡皮拉达住宅

■ 伊比沙岛. 西班牙

■ 室内设计:
Josephine Interior Design
■ 摄影:
Nicolas Karadimos
■ 客户:
Janine RID

考虑到这是一栋有着近200岁高龄的老宅，设计公司决定保持其原有屋梁、天花板和凹凸不平的墙面。

巴厘岛室内风格特点及元素：

①开放式设计。房屋空间多半是只用竹帘来挡光或避雨的开放式设计。
②以自然色彩作为空间主色。
③传统木雕和石雕的结合。选择一些适当的木雕、石雕，会为家里增添不少巴厘岛的风采。
④各种朴素的手工布艺和用白纱布布置的蚊帐。

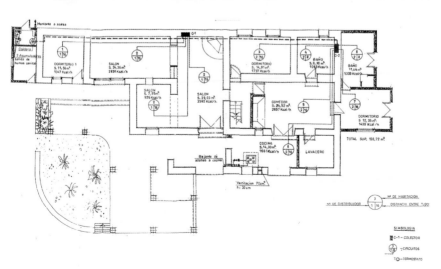

屋主热爱亚洲和巴厘岛文化，因此他希望获得冬夏都舒适惬意的室内装修。

设计师混合罗马坎平绉（一种布料），西班牙和巴厘岛木质家具，并将他们与西班牙复古油画融合使用，一些现代摄影作品出自韩国摄影家之手，金色复古女神像来自新加坡，美丽的瓷器来自中国，滑稽的古董瓷盒来自澳大利亚。

木质家具映衬原木天花板和窗户，同时带给屋主所期望的温暖感。厨房里有一尊拿着刀、毛巾、扫把等杂物的巴厘岛风格雕塑。

■ Galata Hotel

■ 加拉太酒店

■ 伊斯坦布尔. 土耳其

■ **室内设计:**
KONTRA
■ **摄影:**
Onur Solak

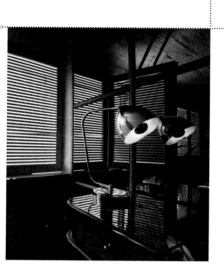

加拉太酒店位于培拉区，是伊斯坦布尔的具有悠久历史的区域之一。折中主义风格建筑框架是19世纪著名建筑师亚历山大瓦罗力为Decugis家族的冬季宅邸设计建造。现建筑作为加拉太酒店20个标准间、3个凸肚窗和阳台的顶层阁楼的高档房间。

从本案的设计中不难发现精致的伊斯兰情调，凸显本地特色也是度假胜地的酒店设计所最惯用的手法，本地文化的特征不一定要全面展现，可以通过将具体的文化特征符号化或者选取具有代表性的配饰表达，太多的象征意义会令人感到压迫，让人眼前一亮的点睛元素才是追求超凡脱俗的趣味。

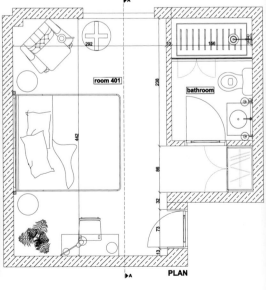

KONTRA用现代奢华以折中主义风格为表现重新解读19世纪浪漫主义。

当KONTRA着手设计时，建筑已经处于近乎毁灭的状态，原貌几乎荡然无存。

设计团队修复了墙面和天花板上的石膏雕花以及木质天花板。每个房间的设计都较高水平地涉及了该地区的历史文化。

墙上挂着19世纪培拉区的老照片。米黄色柔和基调的房间用镜子放大空间，并以KONTRA的考究饰品装饰。

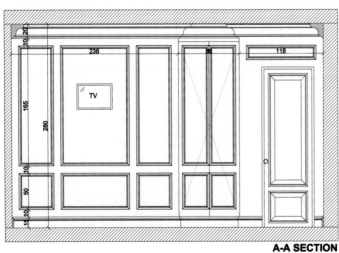

A-A SECTION

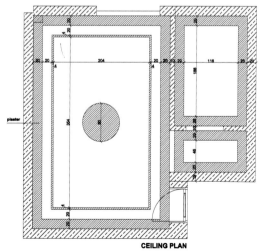

CEILING PLAN

阳光透过百叶窗，将斑驳的剪影投射在舒适的床单上，墙面上的黑白相片仿佛在讲述着某个发生在遥远年代的故事，这个空间不经意间充满了老电影的画面感。

■ La Bichete

■ 拉比车特住宅

■ 勃艮第. 法国

■ **室内设计:**
  Josephine Interior Design
■ **摄影:**
  Nicolas Karadimos
■ **客户:**
  Maximilian Alexander

这栋百年老农舍与其阁楼里大量的摄影作品形成鲜明对比．法国艺术家Arnaud Pyvka个人时尚摄影作品，精致的陈设，质朴的屋梁以及高大的窗户。房子以简单而生机勃勃的形式展现出艺术、时尚和复古设计的完美结合，却不忘调侃一些媚俗元素，如乐高雕像和罐头盒收藏。

20世纪40年代的时候，美国纽约的艺术家与设计师们利用废弃的工业厂房，从中分隔出居住、工作、社交、娱乐、收藏等各种空间，在宽敞的厂房里，创意各种生活方式，创作艺术品，或者办作品展。而这些厂房后来也变成了最具个性、最前卫、最爱年轻人青睐的地方。LOFT这种空间的由来，最初便来自于旧空间的再利用。

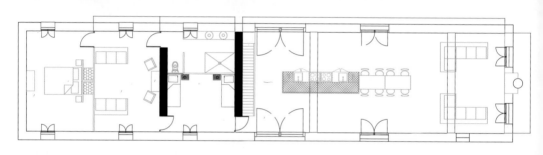

翻修前的房子是一个废弃腐烂的牛舍，几乎所有都需要重建或维修，通过移走牛、鸡和干草堆，阁楼的面积增大了。为了增强LOFT感，水泥地面是很明显的特征。农户私人居住区被改为客厅，地板上可以看到大鼠洞、干净的白墙和屋主人的艺术收藏。复原屋梁和房间的古老建筑细节任务艰巨，但需要与主人繁忙的家庭生活协调。复古吊灯带给木质屋梁温暖和精致感。水泥地面、时尚感十足的涂画和现代家居增强了房间的乡村感。

LOFT空间最突出的优点就是空间灵活性非常大，人们可以天马行空地创造属于自己的空间，不被传统房屋结构所制约。人们可以让空间完全敞开，也可以对其分割，从而使它蕴涵个性化的审美情趣。粗糙的柱壁、灰暗的水泥地面、裸露的钢结构等看似质朴元素都是LOFT生活独特的审美需要。

■ Monaci Delle Terre Nere

■ 黑色渔村酒店

■ 扎费拉纳-埃特内阿. 意大利

■ **室内设计:**
PekStudio

■ **摄影:**
Alfio Garozzo

酒店位于埃特纳山坡下，埃特纳火山是欧洲最大的火山，位于埃特纳国家公园边。酒店建筑可追溯到1800年，极具历史价值。现在已成为西西里风格建筑和当代艺术的融合地。这里的空气平静而富有魔力，带着柑橘和茉莉香味的微风吹过。每天晨曦，阳光变换出丰富的色彩，阳光下的海面波光粼粼，对面的埃特纳山安静祥和。

"如果不去西西里，就像没有到过意大利：因为在西西里你才能找到意大利的美丽之源"。西西里这片巧妙的土地将迷人的自然风景与人文风景和谐地融为一体，希腊人、古罗马人、拜占庭人、阿拉伯人、西班牙人等的文化早已印证在这里，西西里岛的巴洛克风格建筑群的中心，被联合国教科文组织列入了世界文化遗产。火山灰样式材料的使用和历史的积淀感是西西里岛风格的最大特点。

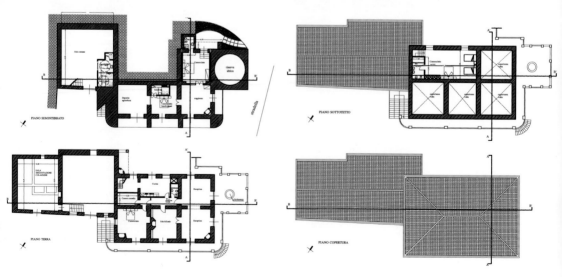

酒店位于一片161,874m²的田地上，已有数十年有机食物种植历史。酒店人员种植各类葡萄、橄榄、水果、药物和蔬菜等作物。供应给客人的饮品和食物都是从富饶的土地种出。有机作物种植在地中海风格的梯田上。菜单食物全部为应季蔬菜和西西里风味。

西西里风格的室内空间线条简单，古色古香。基本上是以粗粝的质感为主要基调。墙面大多是纯粹的白色，或是石灰岩的质感，甚至是裸露在外的粗犷石头。

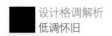

本案的色彩丰富而跳跃，大胆地运用色彩让室内空间充满活力，而避免了怀旧风格本身带来的平淡感。无论是红色、蓝色、黄色的纯色系搭配还是青色、淡蓝色等中间色调的运用，都在整体上提升了卧室的视觉节奏感。

■ Resturant Los Soprano

■ "黑道家族" 餐馆

■ 巴塞罗那. 西班牙

■ **室内设计:**
Dissenyados Arquitectura,
Pedro Scattarella

■ **摄影:**
Pedro Scattarella

■ **客户:**
Buen Tomate

本案的设计灵感来自位于纽约港的多间仓库。当客人进入顶层时，仿佛置身于货物运输码头。整个顶层被分为四个空间，分别作为办公室、洗手间、贵宾室和展示区。这些布局让整个设计充满现代气息，也让客人倍感惊喜。

纽约都会风格强调一种潮流的生活方式。这种生活方式追求简单的同时保持着优越的华丽，流露出一种低调的奢华。它适合的是追求精致生活、希望自己的家能够时时刻刻散发出独特的魅力的人们。适合的是那些永远和时尚生活齐头并进的人们。

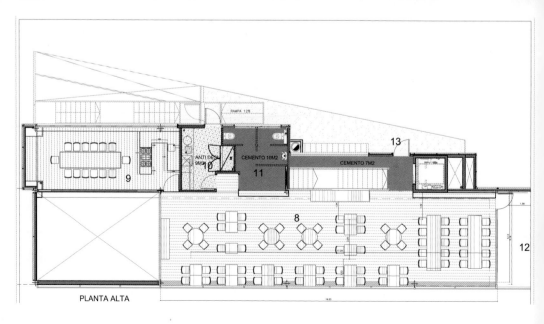

PLANTA ALTA

餐厅主要以钢筋混凝土架构。在入口处，设计师以混凝土和可见的砖块铺成地板。而餐厅顶层的空间设计则以钢筋结构和木质地板为主。酒吧占据了室内的主要空间，同时可以根据需要变身为快速服务通道，餐厅或者只是单纯的酒吧。

本案的家居配饰运用了简洁的线条和跳跃颜色，在表面处理上老油漆和仿古工艺又让它增添了一种岁月的沉淀感。

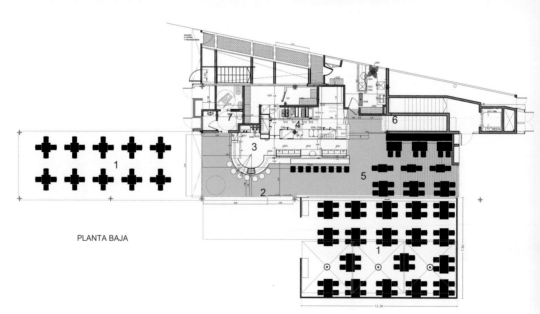

PLANTA BAJA

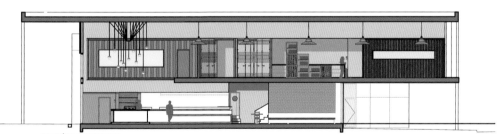

SECCIÓN LONGITUDINAL

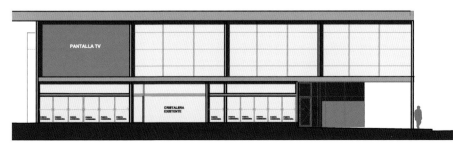

ALZADO FACHADA

■ Rutherford Apatrment

■ 卢瑟福公寓

■ 纽约. 美国

■ **室内设计:**
Carretero Design

■ **摄影:**
Jacob Sadrak Photography

坐落在格拉莫西公园的卢瑟福公寓抓住了其临近地区过去的工业精神，修复了窗户和网格状表面以及阳刚之气。室内设计师Juan Carretero的设计意图既简单又大胆，即通过一些独立空间和特点解构传统布局的小公寓，同时又将这些空间以宽敞舒适的方式组合。通过不同的材质、天然材料和艺术品的综合运用创造出一个有趣的视觉空间。

怀旧风格家居与旧家具不同之处在于，前者是一种风格，后者仅仅是一样物品。前者在于表现，后者重在承载，前者是"新鲜"的"旧"，是现代人对于过去的反思后超越和升华的成果，而后者仅停留在一个专属的时代。

Floor Plan

Juan Carretero通过与著名油漆艺术家Mark Chamberlain的合作，将每一面墙壁的光洁度都做成了不同的形式，以此实现了小公寓中的多重感觉。

在厨房的墙面上有着孔雀石模式的笔触，走廊则大胆地采用了竖直对齐的条纹装饰，浴室的墙壁上画着一片空灵的森林。

主卧室里的马毛色墙纸和皮革家具散发出精致之感。在客厅里，威尼斯抹灰墙、黑色大理石瓮灯和长长的费力斯埃沙发突出了客厅的豪华感。

由于新材质的广泛使用，怀旧风格的家具可以兼具新式家具的舒适、牢固和轻便，还可以在视觉造型上有更纯粹的艺术表现力。而旧的家具由于年代等因素，其体积与重量往往不适合现代人的生活节奏。

■ Saint Eustache

■ 圣尤斯塔奇

■ 巴黎. 法国

■ 室内设计:
Josephine Interior Design

■ 摄影:
Nicolas Karadimos

■ 客户:
Josephine Verine

这栋17世纪的老宅与其包括的大量摄影艺术作品形成鲜明的对比。门廊边挂的是中国艺术家极具挑衅性的作品。在客厅有华丽的陈设和粗糙的屋梁、旧窗户。德国艺术家Thomas Struth 和Willmar Koenig的摄影作品饱含对巴伐利亚顶尖巴洛克风格教堂的敬意。

室内设计中地板配色三个原则：

①同色系搭配。装修风格严谨、有序、大气。
②近色搭配。装修风格显得活泼、和谐、不拘一格。
③对比色搭配。装修风格显得鲜明、对比强烈。

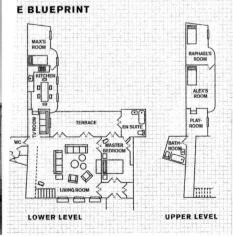

E BLUEPRINT

MAX'S ROOM

KITCHEN

TV ROOM

WC

TERRACE

EN SUITE

MASTER BEDROOM

LIVING ROOM

LOWER LEVEL

RAPHAEL'S ROOM

ALEX'S ROOM

PLAY-ROOM

BATH-ROOM

UPPER LEVEL

德国设计师Rolf Benz 设计的矮沙发及
Masanori Umeda设计的显眼桃红色天鹅
绒玫瑰形椅子与起居室里古老的蓝灰色
镶花地板很搭配。奇怪的外科手术用灯
照亮了艺术品，一个复古花式灯也用来
制造气氛。在肯尼亚的旅行中发现的非
洲古董半身像被用来做木梁的映衬。

靠近床的位置，有一面放烛台的旧墙，
现在用来放床头灯。角落里穿花绸的模
特用来放胸针收藏。桃红色和红色为主
色调的厨房与工业风格的钢筋水泥形成
对比。Judith Huemer 和Andy Warhol
的艺术作品与Conran金属桌子上的古董
吊灯和主人的古董瓷器形成对比。

原则上深色的木地板适合大空间内使用，让人觉
得富有变化不沉闷；而小空间不太适合使用深色
木地板，会给人带来压抑的感觉，深色木地板适
合营造怀旧风格，所以复古味道的家具是它的好
搭档。

现代艺术的绘画作品在空间中与一些旧木箱子、旧衣柜混搭，产生了时空穿越的效果，做工优良的工艺品和配饰在质感上进行对比，用矛盾和对立的手法表达居住者内心深处对于室内空间的感悟。

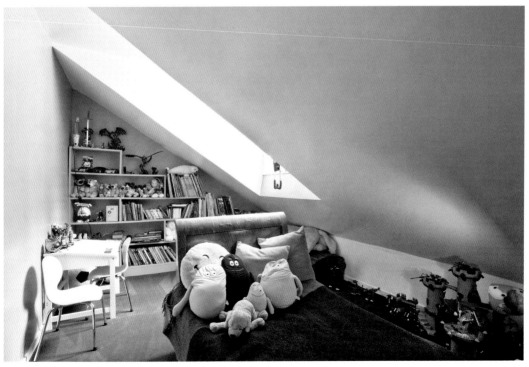

■ Apartment on Kutuzovsky Prospekt

■ 库图佐夫公寓

■ 莫斯科. 俄罗斯

■ **室内设计:**
Anna Erman

■ **摄影:**
Anna Erman

这间公寓位于莫斯科中心的一座老建筑中，为三口之家所用。这些老建筑物的特征是有高高的天花板，宽敞的房间和巨大的窗户。然而，这间公寓的面积不大，但客户希望有独立的卧室、儿童房、更衣室和几间浴室。这个想法在公寓翻新中未能实现。

布艺的色彩能调节室内的气氛。在室内整体的色调上比较单一时，布艺可采用纯度高一些的鲜艳色彩，通过布艺形成的鲜艳色块来活跃气氛。若室内的色调较为鲜艳丰富，就可以考虑使用简洁的灰色系颜色的布艺，来中和协调室内色调。

在翻修中客厅空间被延展与厨房连接。鉴于这种结构，设计师成功地将数间浴室和一间小洗衣房融入室内。狭窄的走廊与主卧室相连。室内采用低调怀旧的设计风格，同时配以明亮的色彩、时尚的家具和明亮的装饰元素。

布艺饰品中靠垫的饰面织物选材广泛，如棉布、绒布、锦缎、尼龙或麻布等均可。或选用素色布面。内芯用海绵、泡沫塑料、棉花或碎布等充填。

Floor Plan

■ Country House

■ 乡间小屋

■ 莫斯科. 俄罗斯

■ **室内设计:**
Anna Erman

■ **摄影:**
Mathieu Garçon

本案占地700m²，坐落在郊区。房子外观呈现乡村风格，室内布局不受拘束。本案的设计目标是节省空间，因此室内房间面积不大。但是，所有的房间都营造出宽敞明亮的感觉。

欧式的亚麻织品崇尚自然本色和富有特点的粗纺质地，这一点上与东方的丝绸追求细腻华丽的风格形成鲜明对比。亚麻织物因色彩绚丽、质感纯朴、肌理独特适合搭配多种室内风格。

公用设施设于一楼——厨房、餐厅、客厅、大厅和客人洗手间。整个二楼包括游戏室、儿童卧室、主卧室。所有房间的装饰采用浅色、未经深加工的天然材料。室内家具的选用及装饰彰显低调怀旧的设计风格。

亚麻织品朴实无华、接近自然，在室内配饰中既可以搭配华丽风格的家具又可以搭配复古清新风格的家具，另外亚麻织品还有许多实用优点，如不用频繁洗涤，因为不带静电无需经常除尘，另外还有抗霉抗虫等优点。

印有人脸的形象装饰品在本案中出现多次，为原本古典气息厚重的室内空间增添了一丝戏谑的气氛。

■ White House

■ 素白屋

■ 莫斯科. 俄罗斯

■ **室内设计:**
Anna Erman

■ **摄影:**
Anna Erman, Sergey Ananiev

素白屋坐落在郊区，是拥有两个孩子的家庭的度假之屋。这对布局和室内装饰产生了巨大影响。室内客厅的螺旋楼梯完美地将各层连接起来。室内家具和装饰占据了大部分，室内装饰采用丰富和鲜艳的色彩。墙上的画作、壁纸、木地板等被选用。

地毯的图案选用不同的颜色和图案能够改变空间气氛，带来不同的感受。所选用的颜色有用来减弱、加强或者配合装饰情调的和谐的作用。如含有黄色、红色色系的地毯能使房间感觉舒适和温馨减少大房间单调、空旷的感觉。冷色调的蓝色、绿色以及紫色则有相反的效果，它会产生一种宁静的气氛，可以使小房间感觉宽敞明亮。

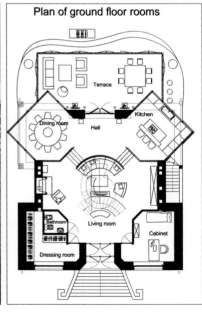

Plan of ground floor rooms

一楼设有厨房、餐厅、大堂和客厅等独立的空间设计。个人独立的空间、客房、数间浴室及更衣室也被设置在一层。主卧室、儿童卧室、相邻的更衣室和浴室位于二层。阁楼配有台球桌、舒适的椅子和沙发，供人们休息娱乐。

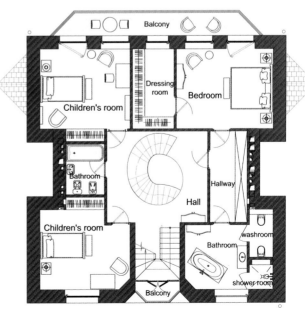

达到的空间效果需要不同类型的地毯，除了真皮毛的地毯外，现在大多数是化纤地毯，化纤地毯也称合成纤维地毯，又可分为尼龙、丙纶、涤纶和腈纶四种。最常见最常用的是尼龙地毯，它的最大特点是耐磨性强，同时克服了纯毛地毯易腐蚀、易霉变的缺点；它的图案、花色近似纯毛，但阻燃性、抗静电性相对又要差一些。

■ Guest House

■ 盖斯特宅

■ 莫斯科. 俄罗斯

■ 室内设计:
Anna Erman
■ 摄影:
Mathieu Garçon

这间小房子坐落于郊区，占地面积70m²。设计师面临的主要挑战是场地上有大量的松树和冷杉。经过慎重的考虑，设计师决定保留这些树木，结果将房子建在细长的矩形地块上，体现人体工程学的意义。

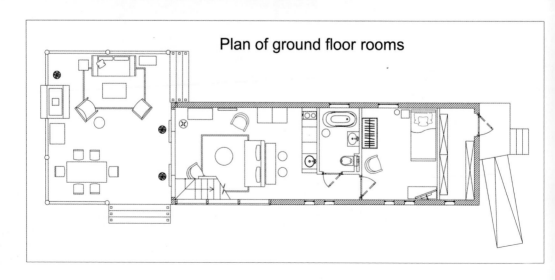

Plan of ground floor rooms

在大多数情况下，本案为客人提供一个
避暑别墅。房间为人们创造了舒适感。
它能够容纳一个三口之家或四口之家。

一楼包括一间设有浴室的卧室、一间小
客厅和一个厨房。餐厅配有舒适的藤椅
和砖炉台。二楼设有另一间浴室、主卧
室和儿童卧室。总体的装修风格采用浅
色，营造平静的感觉。

Antoni Associates

Add: 109 Hatfield Street, Gardens, Cape Town, 8001, South Africa
Tel: +27(0)21 468 4400; Fax: +27(0)21 461 5408
Web: www.aainteriors.co.za

Over the past decade Antoni Associates, the interior design & Décor studio of the iconic architectural firm SAOTA has become known for creating some of the most exclusive interiors in South Africa as well as international locations including London, Paris, Moscow, New York, Dubai & Geneva. This dynamic and innovative practice conceptualizes and creates contemporary interior spaces and bespoke décor for the full spectrum of interior design briefs which includes domestic, hospitality, retail, corporate and leisure sectors.

Led by Mark Rielly and partners Vanessa Weissenstein & Adam Court, together with Associates Ashleigh Gilmour, Jon Case & Michele Rhoda and a dedicated and skilled team of designers and decorators, Antoni Associates prides itself on its dedication to cutting edge contemporary design, sound technical knowledge and up to the moment computer skills and a design finesse that combined is unique in South Africa. The synergy of these attributes combined with carefully orchestrated logistics allows them to stay ahead of the market. Their interiors meet the international standard of being modern, luxurious and seductive while at the same time remaining understated and timeless and in tune with the delights of quality living demanded by their discerning clients.

Atelier Lígia Casanova

Add: Lx Factory, Rua Rodrigues Faria, 1031350-501 Lisboa, Portugal
Tel: +351 919 704 583
Web: www.ligiacasanova.com

Lígia Casanova graduated in design in 1987. After acquiring her Master's Degree in Graphic Design, she worked for Advertising and Design Companies such as Abrinício in Lisbon and Wolf Ollins in London. Eight years later, in 1995, she felt the need to bring some value into people's lives: Lígia started working as an interior designer. "To make room for happiness" is her moto. The moto she follows in every concept, whether it is aimed at residential or public spaces.

Bluarch Architecture + Interiors + Lighting

Add: 112 West 27th Street, Suite 302, New York, New York 10001, USA
Tel: 212 929 5989; Fax: 212 656 1626

Web: www.bluarch.com

Antonio Di Oronzo came to New York from Rome (Italy) in 1997 and has been practicing architecture and interior design for eighteen years. He is a Doctor of Architecture from the University of Rome "La Sapienza", and has a Master's in Urban Planning from City College of New York. He also holds a post-graduate degree in Construction Management from the Italian Army Academy.

Prior to opening Bluarch, Antonio served as Project Architect for the renowned firm, Eisenman Architects on the Jewish Memorial in Berlin; The Cultural Center in Santiago de Compostela (Spain); The Arizona Cardinals Stadium (USA). While working at Gruzen Samton Architects, Antonio worked on Kingsborough Community College (NY; USA), and The Port Amboy Ferry Terminal (NJ; USA). In addition, Antonio completed the City Hall Building in Pohang (Korea) for Robert Siegel Architects.

In 2004, Antonio founded the award-winning firm Bluarch Architecture + Interiors + Lighting, a practice dedicated to design innovation and technical excellence providing complete services in master planning, architecture, interior design and lighting design. At Bluarch, architecture is design of the space that shelters passion and creativity. It is a formal and logical endeavor that addresses layered human needs. It is a narrative of complex systems which offer beauty and efficiency through tension and decoration.

Broosk Saib

Add:4 Heathrise Kersfield Road London SW15 3HF, UK
Tel: +44 (0)20 8788 5130; +44 (0)77 8531 8711
Web: www.broosk.com

Broosk Saib was born in Baghdad but moved to England at the age of thirteen where he has remained ever since. Broosk has been described as a lively designer who does not shy away from vivid living spaces and although his work can vary dramatically from very traditional to very contemporary he is very careful to maintain the element of luxury married with comfort throughout. Sumptuous fabrics, unusual materials and rich specialist finishes are present right the way through his work, these are all of the highest quality so even when things are kept simple, he manages to create a staggering effect. Broosk works on a consultancy basis and rather than imposing his style he designs closely with the client offering a bespoke service to work with their requirements and desires. Broosk tends to see new projects as a stage set, a platform from where ambitions are achieved, comprehensive briefs are taken and together with his own inspiration and the clients participation he is able to achieve their dream. Broosk has undertaken a wide range of commissions for a variety of clients both in the UK and abroad, establishing himself a reputation for unique perfection.

Carretero Design

Add: 201 East 16th Street, Suite 3A New York, New York 10003, USA
Tel: +1 917 691 4316
Web: www.carreterodesign.com

Juan J. Carretero offers custom-design and architectural services to clients and projects across the United States and Central America. Celebrated by style and design publications around the world, his portfolio has spanned the residential and commercial spheres alike. Whatever the challenge – from creating the style and boldness behind a new restaurant, transforming a city loft, to building a home from its foundations-while restoring and renovating the treasured ones – Juan carries design vision and flair unique to himself. Mixing the old with the new, Juan creates spaces that are as timeless as they are arresting.

Juan Carretero has been in business in the USA for over 10 years holding credentials in Architecture, interior design and Real Estate Project Management. As an award winning professional firm, they have been published in many different publications throughout the world. "Tailored, collected, inviting, timeless, exciting, fresh, comfortable, beautiful and inspiring" are only some of the ways in their job has been reviewed.

Hotel Fox

Add: Hotel Fox Jarmers Plads 3, 1551 Copenhagen V, Denmark
Tel: +45 3313 3000
Web: www.brochner-hotels.com

Hotel Fox is situated in the heart of Copenhagen, right next to the City Hall Square "Rådhuspladsen", and in the midst of the pulsating Latin Quarter "Pisserenden", which is the trendy home of many artists, musicians, interesting restaurants, bars and fashionable cafés. The district is also known for its design shops and vintage boutiques, art galleries and music shops. If you are on the lookout for second hand outfits or an old vinyl records, this is the place to be.

Josephine interior design

Add: Josephine interior design Joséphine gintzburger
30 rue montmartre - 75001 Paris, France
Tel: +33 6 85 57 05 65
Web: josephineinteriordesign.com

Josephine is a fun, enthusiastic interior designer with experience that covers entire refurbishments to consulting (retail and private) and chic furniture design. Her designs are unique and full of energy, and are clearly the result of her positive approach as her signature style suggests: bold colours, a layering of textures, new and old, vintage antique or retro, and the contemporary, while whimsical detailing can bring a tough of kitsch. You see this is where her sense of fun shines through. When it comes to the finer points in decorating a room, she is knowledgeable on contemporary art, photograph and retro vintage furniture in particular, and more importantly, where exactly to source it all. Her style is underpinned by her resourceful eye and a passion for collecting. This curatorial approach results in an eclectic range of styles, objects and colour, beautiful, atmospheric. Where the heritage of a project is while the heritage of a project is paramount, she says, it should respect the architectural integrity of the building. Josephine worked in the fashion world for two decades before setting up her interior design agency, transferring her innate fashion sense to the home.

KONTRA

Add: KONTRA Liva Sok. Akif Bey Apt. No:13-3/34433
Cihangir Istanbul – Turkey
Tel: +90 212 243 1770; Fax: +90 212 243 1768
Web: www.kontraist.com

KONTRA is an Istanbul based office which is established in 2009. The team works in 160 years old building that is in historical peninsula of Istanbul. KONTRA is an environment think tank where space and ideas are audited, researched, analyzed, created and revolutionized. KONTRA believes in that architecture defines one's world view and is an interdisciplinary language between all art departments. At KONTRA, it is important to be the pioneer of unconventional success, and go beyond the unattempted for an extraordinary realization. KONTRA provides consulting for creative ideas and design concepts exclusive to residential and commercial projects. KONTRA designs and applies contemporary interiors together with a line of KONTRA products to meet the demands of life and space.

LEVEL Architects

Add: 305,1-49-12 Ooi, Shinagawaku-ku, Tokyo, Japan
Tel: +81-3-3776-7393; Fax: +81-3-6412-9321
Web: level-architects.com

Kazuki Nakamura and Kenichi Izuhara establish LEVEL Architects in 2004. Born in 1973, Kazuki Nakamura graduated from Nihon University, worked at NAYA Architects. Born in 1974, Kenichi Izuhara finished at Graduated School of Shibaura Institute of Technology, and worked at NAYA Architects.

LEVEL Architects view their role as residential designers as "aiding our clients to give shape to their desires." "Aiding" or planning, for them, holds many different meanings including the environmental and spatial design of the residence. For example bringing in the exterior atmosphere into the interior space to balance the design, solidifying the heart of the house, or organizing the spatial requirements of the family are just a few of the many aspects they focus on. Therefore, communication with the clientis their most important task. They receive their hopes and desires for their new home, and with some organization of the spatial quality and cost estimate, they hope to present to their clients a proposal which includes their own surprise and special touch.

Nico van der Meulen Architects

Add: 43 Grove Street, Ferndale, Randburg, Johannesburg, South Africa
Tel: +27(0)11 789 5242; Fax: +27(0)11 781 0356
Web: www.nicovdmeulen.com

Nico van der Meulen Architects is one of the most prominent modern architectural practices of the African context. With more than 40 years experience, they specialize in contemporary home design and modern luxury residences. At Nico van der Meulen they work closely with all their clients to ensure optimal satisfaction and outstanding results. Because they believe that the interior and exterior should be approached holistically, they established M Square Lifestyle Design to accommodate their clients' requests; their ultimate wish is to have a seamless transition between inside and out with architecture and interior design complementing each other.

PekStudio

Add: Via Floridiani di Hartford, 31, 96014 Floridia - SR - Italy
Tel: +39 0931 948972
Web: www.pekstudio.it

Architect Giuseppe Merendino was born in New England, U.S.A. in 1963. He studied architecture and graduated in Florence. He now lives near Syracuse, Sicily. In 1991, he started his proffessional career and in 2000, founded the PekStudio, an atelier for landscape, architecture and interiors consultancy. Guiseppe works on residential and hospitality projects with particular attention to ecologically sustainable themes, traditional technologies and the conservation of cultural traditions. He has received several awards as well as an invitation to exhibit his works at the bienniale Architecture Conference in Venice in 1996. Some of his works have been published in International reviews. Pekstudio recently founded a Cultural Association that works to promote worldwide, the traditional architecture of Sicily.